CONFÉRENCES

FAITES

A LA FACULTÉ DES SCIENCES DE BORDEAUX

LA VIE

PAR

M. LE Dr J. JEANNEL

Officier de la Légion d'Honneur,
Professeur à l'École de Médecine de Bordeaux,
Pharmacien principal de première classe
des hôpitaux militaires, etc.

PARIS

J.-B. BAILLIÈRE, LIBRAIRE-ÉDITEUR
19, rue Hautefeuille, 19

1869

Prix : 30 centimes

LA VIE

OUVRAGES DU MÊME AUTEUR :

Mémoire sur les plantations d'arbres dans l'intérieur des villes; 1849, in-8, 24 p., Paris, 1850.

Excursion en Circassie; in-12, 86 p., Bordeaux, 1856.

Recherches chimiques sur le rôle des corps gras dans l'absorption et l'assimilation des oxydes métalliques; in-8, 30 p., Bordeaux, 1859.

Recherches sur l'absorption et l'assimilation des corps gras émulsionnés et sur l'action dynamique des sels gras à base de mercure; in-8, 56 p., Bordeaux, 1859.

Combinaisons des oxydes de mercure avec les acides oléique et stéarique, au point de vue chimique et pharmacologique; Bordeaux, 1859, in-8, 18 p.

Nouvelles recherches sur l'émulsionnement des corps gras; Bordeaux, 1859, in-8, 14 p.

Variabilité et flexibilité organiques, acclimatation; in-8, 8 p., Paris, 1865.

Mémoire sur la prostitution publique; Paris, 1862. — 2e édition sous le titre suivant : De la prostitution publique, et parallèle complet de la prostitution romaine et de la prostitution contemporaine; Paris, 1865, in-8, 300 p.

De l'air, propriétés physiques; Paris, 1867, in-18, 32 p. — De l'air, propriétés chimiques; Paris, 1867, in-18, 32 p. (Conférences faites à la gare Saint-Jean, à Bordeaux.)

De la prostitution dans les grandes villes au XIXe siècle, et de l'extinction des maladies vénériennes, questions générales d'hygiène, de moralité publique et de légalité, mesures prophylactiques internationales, réformes à opérer dans le service sanitaire, discussion des règlements exécutés dans les principales villes de l'Europe, ouvrage précédé de documents relatifs à la prostitution dans l'antiquité; gr. in-18, 408 p.; Paris, 1868.

EN PRÉPARATION :

Formulaire magistral, précédé d'un memento de matière médicale et de thérapeutique.

CONFÉRENCES

FAITES

A LA FACULTÉ DES SCIENCES DE BORDEAUX

LA VIE

PAR

M. LE Dr J. JEANNEL

Officier de la Légion d'Honneur,
Professeur à l'École de Médecine de Bordeaux,
Pharmacien principal de première classe
des hôpitaux militaires, etc.

PARIS

J.-B. BAILLIÈRE, LIBRAIRE-ÉDITEUR

19, rue Hautefeuille, 19

1869

Prix : 30 centimes

LA VIE

Messieurs,

La plupart d'entre vous ont cru jusqu'à présent qu'il existe deux sortes d'êtres dans le monde : 1° des êtres vivants organisés ou animés, formés et maintenus sous l'influence d'une cause, d'une activité ou d'une force particulière, manifestée par ses actes, et qu'on nomme *la vie* ou la force vitale ; 2° des êtres non vivants, inorganiques ou inanimés, qui ne sont susceptibles d'entrer en mouvement que moyennant une impulsion communiquée et selon les lois générales physico-chimiques de l'attraction, de l'affinité, de l'électro-magnétisme, de la chaleur, etc.

La doctrine qui reconnaît dans les êtres vivants une cause particulière immatérielle de mouvement a été combattue de tout temps. Le poète Lucrèce, qui a magnifiquement développé la philosophie d'Epicure dans un des plus beaux monuments littéraires que nous ait légués l'antiquité, affirme en ces termes la matérialité de l'esprit et de l'âme :

. . . . Nonne fatendum est
Corporea natura animum constare animamque?
(LUCRET., *De rerum natura*, III, 167.)

« Ne faut-il pas avouer que l'esprit et l'âme sont d'une nature corporelle ? »

Pour moi, je partage l'opinion vulgaire, je crois fermement qu'il existe deux sortes d'êtres parfaitement distincts ; et quoique je me sente bien incapable d'entrer en lice avec les physiologistes qui n'hésitent pas à proclamer l'identité des phénomènes dans un homme qui pense, qui parle et qui veut, et dans une lampe qui brûle, je vais essayer de défendre, selon mes faibles moyens, ce qu'ils appellent déjà les vieux préjugés. C'est donc un réactionnaire que vous voyez devant vous.

C'est un grand bienfait de la civilisation, messieurs, et dont nous devons tous nous féliciter, que cette liberté intellectuelle, glorieux héritage du XVIIIe siècle, cette pacifique tolérance, qui nous permet de discuter tranquillement, sans passions, sans injures et sans anathèmes, les graves questions qui se compliquent de notre propre existence ; et ce n'est pas sans une profonde satisfaction que je constate la parfaite sérénité avec laquelle vous prêtez votre attention à un discours que j'eusse probablement terminé, il y a deux ou trois siècles, par une chrétienne invitation à pendre ou à brûler quelques-uns d'entre vous.

Dussent me désavouer les auxiliaires trop ardents, que je trouverais peut-être sans aller bien loin, et que je redoute autant que mes adversaires, je déclare que je rends un hommage admiratif et respectueux aux services rendus par les savants que j'ose combattre, comme à la sincérité de leur amour pour la vérité ; enfin je ne viens pas de Rome, et suis résolu à ne damner personne.

Les progrès considérables accomplis de nos jours par les sciences naturelles me semblent avoir ébloui surtout quelques médecins physiologistes, c'est-à-dire quelques-uns de ceux qui s'occupent des phénomènes de la vie normale.

Dans la discussion que j'entreprends, je ne veux pas m'assurer un trop facile triomphe, en imitant ce prédicateur qui argumentait contre son bonnet carré; je vais d'abord laisser parler eux-mêmes ceux que je prétends contredire.

Selon quelques-uns d'entre eux, « les plus » grandes découvertes que la méthode expé- » rimentale ait réalisées dans les sciences na- » turelles ont montré qu'une fonction de la » vie, lorsqu'elle est bien connue, rentre » dans le domaine des lois dont les chimistes » ou les physiciens observent chaque jour les » effets. Les fonctions des organes des sens, » la production de la chaleur animale, celle » du mouvement, la respiration, la circula- » tion du sang, ne sont que des applications

» spéciales de la physique et de la chimie. Il » est donc légitime d'espérer que, plus tard, » bien des fonctions mystérieuses encore de » la vie des êtres organisés » (c'est-à-dire probablement les sensations et l'intelligence) » se rattacheront aux sciences physiques » d'une manière non moins directe. » (MAREY, *Almanach de l'Encyclopédie générale*, 1869, p. 61.)

C'est ainsi que s'exprime, dans une publication récente, M. Marey, professeur d'histoire naturelle des corps organisés au Collége de France.

Vous voyez ce que cela veut dire : les principales fonctions, les fonctions mystérieuses de la vie, se rattachant aux sciences physiques, c'est-à-dire à celles dont l'objet est la matière en général, la vie n'est pas distincte de la cause qui fait tomber la pomme de Newton ou brûler le charbon de Lavoisier.

Du reste, la doctrine animiste, celle qui maintient l'existence d'une cause imprimant à la matière dans les êtres vivants des mouvements d'une nature spéciale, est combattue par des arguments d'une valeur positive; je ne prétends pas les dissimuler; M. Vulpian, dans un cours de physiologie qu'il professait au Muséum en 1865, développait l'un des plus importants de ces arguments; il l'appuyait sur ses propres expériences et sur celles de M. Bert, qui ont été récompensées par l'Académie des sciences.

La priorité de ces expériences appartient au poète épicurien dont je citais tout à l'heure la solennelle déclaration de principes.

Laissons d'abord parler Lucrèce ; il montre le serpent qui se tord sur le sable et continue de mordre après avoir été coupé en tronçons, et il ajoute :

Omnibus esse igitur totas dicemus in illis
Particulis animas ? at ea ratione sequetur
Unam animantem animas habuisse in corpore multas.
Ergo divisa est quœ fuit una, simul cum
Corpore : quapropter mortale utrumque putandum est,
In multas quoniam partes discinditur æque.
(LUCRET., III, 664.)

« Dirons-nous que chaque tronçon a une âme entière ? Il faudra donc qu'un seul animal ait plusieurs âmes ; ou l'unité de l'âme a été divisée avec le corps, et par suite il faut reconnaître que tous les deux sont mortels, puisque tous les deux sont divisibles. »

Voici comment l'idée de Lucrèce a été développée et enrichie par M. Vulpian :

« Lorsque l'on envisage l'ensemble des » êtres créés, on voit bientôt l'inanité du » principe vital, de cette force unique qui doit » diriger la nutrition, qui gouverne l'accrois- » sement des organes et maintient la pérennité de la forme, qui contraint la matière » à entrer, pour ainsi dire, dans certains » moules, qui force l'être à tendre dans son » évolution progressive vers un modèle pré- » fixe. Cette force ne peut être qu'une, l'u- » nité est un de ses caractères essentiels; » c'est pour cela qu'on l'appelle *principe vi-*

» *tal* ou *force vitale*. Voyons ce que nous dit » l'expérience :

» Cette force doit exister dans le règne végétal ; mais chercher là des preuves, ce » serait nous faire la partie trop belle, arrivons tout de suite au règne animal. Comment expliquer ces mutilations faites sur » des animaux, que je sépare en deux parties, » et dont chaque partie reproduit un animal » complet et semblable à celui que j'avais » ainsi divisé ? Les polypes, les planaires, les » naïades, que l'on peut séparer en plusieurs » segments, sont dans ce cas... Je vous rappelle encore ce rat, chez lequel M. Bert a » introduit, sous la peau de l'aine, le membre » inférieur d'un autre rat... Les os du membre » inférieur étaient en voie de formation, leurs » épiphyses n'étaient pas soudées aux diaphyses, et, après quelque temps, ces os » avaient acquis leur longueur normale, et la » soudure des épiphyses aux diaphyses était » complète. Si ces parties de l'animal ne possédaient rien qui dût diriger les efforts de » l'accroissement vers une forme préfixe, il » n'y aurait aucune harmonie dans ces parties après leur développement... On aurait » donc pu diviser le principe vital et en laisser une partie dans le corps de l'animal et » une autre dans la patte que l'on a transplantée ; le principe vital serait donc divisible, ce qui est inadmissible. On ne peut » donc admettre ce principe...

» Nous avons séparé de très-jeunes têtards

» de grenouille en deux tronçons. Après » quelque temps, le tronçon céphalique s'est » développé régulièrement : une nouvelle » queue vint à pousser à la place de celle que » nous avions excisée ; mais on pourrait dire » que c'est dans ce tronçon céphalique que » réside le principe vital. Si nous examinons » après deux jours le tronçon caudal, nous » voyons que lui aussi s'est développé... » Comment ce tronçon a-t-il vécu ? Comment » s'est-il développé ? Est-ce vaguement, sans » se conformer à un type déterminé ? Non, » assurément : cette queue ressemble à celle » qui est restée en continuité avec le corps » d'un animal du même âge, et nous n'au- » rions pas obtenu ce résultat si elle n'avait » pas une force capable de diriger ses efforts » vers le développement.

» Je veux laisser à ces faits leur éloquence, » et je me borne à énoncer cette loi : qu'il » n'y a pas de force vitale unique, indivisi- » ble, que le doute n'est pas permis à ce su- » jet ; et il faut accepter l'autonomie des élé- » ments anatomiques, contenant chacun en » eux toutes les tendances spécifiques. Le » principe vital est une chimère. » (V. *Revue des cours scientifiques*, 1er avril 1865, p. 301.)

Il est clair que si la notion de l'unité vitale disparaît, toute espèce de force irréductible disparaît avec elle, et nous n'avons plus à nous occuper que de discerner dans les êtres vivants la double influence physico-chimique de l'attraction, de l'affinité, de l'électro-magnétisme, de la chaleur, etc.

Un homme n'est qu'un cas particulier de combinaisons chimiques, produisant de la chaleur, de l'électricité et de l'intelligence.

D'autres naturalistes se débarrassent purement et simplement de tous les faits qui ne sont pas matériels, mesurables et pondérables, en les reléguant dans une espèce de pot au noir, qu'ils appellent, non sans une nuance de dédain, la *métaphysique*, éliminant ainsi comme imaginaires et insaisissables, comme indignes d'occuper l'homme de science, tous les faits de conscience, toute la psychologie, toute la morale. Ceux-là prennent le nom de *positivistes*.

Ils ont encore pour ancêtre le poète-philosophe que j'ai déjà cité deux fois :

Prœter inane et corpora, tertia per se
Nulla potest rerum in numero natura relinqui,
Nec quœ sub sensus cadat ullo tempore nostros,
Nec ratione animi quam quisquam possit apisci.
(LUCRET., I, 446.)

« Outre le vide et les corps matériels, une troisième nature de choses ne peut exister, car elle ne tomberait point sous nos sens, et ne pourrait être comprise par notre esprit. »

Donc, ce qui est moderne, c'est le nom même du *positivisme*, mais il est très-bien trouvé; il sous-entend que tous ceux qui ne se rangent pas sous la bannière de la *philosophie positive*, admettent les choses de pure imagination et nagent dans le brouillard ; des gens qui ne sont pas positifs sont nécessairement condamnés comme ayant l'esprit léger et superficiel. Cette philosophie n'a eu qu'à se nommer pour enrôler toute la bourgeoisie scientifique.

Enthousiasmés d'une doctrine qui réalisait leurs rêves les plus ambitieux, les chimistes et les physiciens ont fait de la médecine ce que les Piémontais ont fait de l'Italie et les Prussiens du Hanovre, ils l'ont annexée.

Moyennant le très-louable but d'enseigner la physiologie d'après les expériences et la médecine d'après les faits (les faits psychologiques étant considérés comme non avenus), « des maîtres autorisés exposent la structure des organes, le jeu régulier ou troublé » des fonctions, *en se préoccupant uniquement des conditions matérielles des phénomènes.* » (WURTZ, *lettre à S. E. le ministre de l'instruction publique.*)

L'approbation qu'a reçue de très-haut la lettre de l'éminent doyen de la Faculté de médecine de Paris a donné à l'enseignement médical uniquement fondé sur les conditions matérielles des phénomènes une solennelle consécration.

Enfin les matérialistes purs, dont il faut louer en cela la logique et la sincérité, refusant sans ambages d'admettre que la vie puisse être en aucune façon distinguée de la matière, déduisent hardiment les conséquences de leurs prémisses. Voici comment s'exprime le célèbre physiologiste Moleschott :

« La pensée est un mouvement de la matière cérébrale, et ce mouvement est la conséquence d'une perception des sens. L'homme est la résultante de ses aïeux, de sa nourrice, du lieu, du moment, de l'air et du temps, du son, de la lumière, de son régime et de ses vêtements ; sa volonté est la conséquence nécessaire de toutes ces causes, elle est liée à une loi de la nature, que nous reconnaissons dans sa manifestation, comme la planète à sa marche et la plante au sol sur lequel elle croît. » (MOLESCHOTT ; *Circulation de la vie.*)

En résumé, c'est la renaissance de l'atomisme antique. L'esprit mécanique et mathématique ne veut voir partout que des mouvements communiqués et transformés ;

L'attraction est due à certains mouvements de l'éther, l'affinité à des conditions analogues ;

Les corps vivants se meuvent parce qu'ils sont le siége de combinaisons chimiques dégageant de la chaleur, qui se transforme en mouvement ;

La loi générale des phénomènes cosmiques est la transformation indéfinie des forces. La science naturelle a son principe et sa loi, elle est constituée dans une majestueuse unité ;

Le soleil verse sur la terre un seul et même

principe, le mouvement, sous la forme de lumière et de chaleur. Ce principe s'immobilise temporairement ou devient latent, dans les combinaisons chimiques plus ou moins stables ou dans les changements d'état, et reparaît, selon les échanges infinis des combinaisons, et selon les transformations des corps.

Cela est beau, messieurs ! — c'est un beau rêve.

Je n'ai pas l'intention de sortir du domaine expérimental et de vous entraîner sur le terrain de la métaphysique. Je veux seulement examiner avec vous si les savants qui prétendent faire rentrer les fonctions de la vie dans les lois dont les chimistes et les physiciens observent chaque jour les effets, ne se rendent pas coupables de ce faux raisonnement, éternel ennemi des progrès de l'esprit humain, qu'on appelle la généralisation anticipée ou la déduction illégitime.

Je veux examiner si réellement les phénomènes vitaux ressemblent tellement aux phénomènes que les chimistes et les physiciens ont l'habitude d'observer, qu'il faille abandonner comme une hypothèse superflue cette idée d'une force particulière, d'une cause autonome de mouvement qui s'unit à la matière au moment où elle s'agrège dans l'être vivant, et qui la quitte au moment où elle se désagrége dans le cadavre.

Pour cela, je commencerai par montrer

que les phénomènes physico-chimiques diffèrent par définition des phénomènes vitaux ; ensuite, j'examinerai jusqu'à quel point les principales fonctions vitales peuvent être expliquées par l'attraction, l'affinité, l'électro-magnétisme, etc.

Il est une proposition que personne ne conteste ; prenons-la pour point de départ, qu'elle soit notre axiome :

La vérité dans les sciences d'observation ne nous apparaît jamais que sous la forme d'une relation et de ses conséquences ; l'essence des choses nous échappe absolument.

Ainsi le charbon chauffé en présence de l'oxygène se combine avec ce gaz et disparaît dans un gaz nouveau, l'acide carbonique ; en même temps nous constatons un dégagement de lumière et de chaleur. Nous pouvons reconnaître les propriétés particulières du gaz produit : il éteint les corps en combustion, il tue les animaux qui le respirent, il précipite l'eau de chaux ; nous pouvons apprendre dans quelles proportions sont unis le charbon et l'oxygène pour le former.

Nous pouvons aussi constater les propriétés du calorique : cause d'une sensation particulière, il pénètre les corps, il augmente leur volume sans augmenter leur poids, il traverse l'espace sous forme de rayons, c'est lui qui fait le travail de nos machines, il se transforme en mouvement : la quantité de chaleur nécessaire pour élever de un degré la température de un kilogramme d'eau, lorsqu'elle se transforme en mouvement, élève à la hauteur de un mètre en une seconde une quantité de matière pesant 425 kilog.

Nous pouvons aussi constater les propriétés de la lumière : elle produit une sensation sur nos yeux, elle est impondérable, elle traverse les milieux transparents, sous forme de rayons qui sont des vibrations excessivement rapides ; elle est réfrangible, décomposable en sept rayons, etc., etc.

Mais quelle est la cause première du phénomène de la combustion ?

Voilà un phénomène complexe, dont nous connaissons les relations, les conditions ; nous pouvons le reproduire à volonté, le déterminer ; mais d'où vient la tendance du carbone et de l'oxygène à former un corps nouveau avec dégagement de calorique et de lumière ? Nous n'en savons rien.

Cependant il nous déplaît d'embarrasser notre discours d'un aveu perpétuel d'ignorance, et de dire, par exemple : le carbone et l'oxygène, dans certaines conditions déterminées, se combinent en vertu du *quid ignotum* qui les pousse l'un vers l'autre ; le *quid ignotum* les maintient unis dans un corps nouveau nommé acide carbonique, jusqu'à ce qu'intervienne, en vertu de ce même *quid ignotum*, un nouveau corps capable d'attirer à lui l'oxygène, qui alors abandonne le carbone.

Pour simplifier le discours, on a donné un nom à la cause inconnue; on l'a appelée *affinité.*

Pourquoi l'aimant attire-t-il le fer? Pourquoi tous les corps s'attirent-ils les uns les autres, en raison directe de leurs masses et en raison inverse du carré de distance? Nous l'ignorons. Néanmoins nous désignons par des mots ces causes inconnues dont nous étudions les effets; nous les appelons *magnétisme* et *attraction.*

Les mots *attraction*, *affinité*, *magnétisme*, *chaleur*, expriment des causes de phénomènes spéciaux, et voilent notre ignorance quant à l'essence de ces causes.

Je vois que vous consentez à m'accorder ces prémisses.

Voilà donc certaines causes inconnues des mouvements de la matière; et quoiqu'elles soient inconnues dans leur essence, nous les reconnaissons distinctes quant à leurs effets.

La matière peut-elle offrir à notre observation d'autres phénomènes que ceux dont les causes sont l'attraction, le magnétisme, l'affinité et la chaleur?

C'est là précisément ce que j'espère mettre en évidence. J'espère prouver que la vie est une cause de mouvements matériels et aussi de phénomènes particuliers essentiellement distincts.

J'espère prouver ce que déclare un jeune

et infatigable observateur des faits biologiques, le docteur Onimus, que « *les corps vivants ont en eux-mêmes leur activité et sont à la fois cause et effet.* (1) » (Voy. *Gaz. des Hôpitaux*, 1869, n° 7, p. 27.)

A la rigueur, on concevrait que l'affinité pût être considérée comme un cas particulier de l'attraction : ce serait l'attraction au contact apparent; la lumière et la chaleur sont du même genre, sinon de la même espèce, comme le magnétisme et l'électricité; la chaleur est certainement une forme du mouvement, mais la vie n'est aucunement réductible ni dans l'attraction, ni dans l'affinité, ni dans la chaleur, ni dans l'électro-magnétisme; c'est une cause autonome de mouvement.

Reprenons nos définitions; je les réunis dans le tableau ci-après :

TABLEAU

Résumant les caractères différentiels des phénomènes produits sous l'influence de l'attraction, du magnétisme, de l'électricité, de la lumière, de la chaleur, de l'affinité et de la vie.

ATTRACTION, MAGNÉTISME, ÉLECTRICITÉ, LUMIÈRE, CHALEUR.

Phénomènes physiques :

Actions des corps les uns sur les autres A

(1) Si c'est une inadvertance, M. Onimus pourra la retirer; si c'est une déclaration ferme, la formule me convient, et, dans tous les cas, je m'en sers.

DISTANCE, pour arriver à l'ÉQUILIBRE STABLE, sans modification dans la composition moléculaire.

Exemples : Chute des corps, mouvements planétaires, vibrations sonores, rayonnement lumineux ou calorifique, transformation du calorique en mouvement, attractions magnétiques, etc., etc.

Fin caractéristique : *Équilibre.*

AFFINITÉ.

Phénomènes chimiques :

Actions réciproques des corps les uns sur les autres au CONTACT, pour arriver à l'ÉQUILIBRE STABLE, en produisant des êtres :

1° *Indéfinis*, dont l'accroissement est illimité, dont le volume est indéterminé ;

2° *Constitués par des molécules groupées en petit nombre, en proportions fixes ;*

3° *Naissant au hasard des contacts ;*

4° *S'accroissant par juxtaposition*, c'est-à-dire par l'addition de molécules nouvelles à la surface ;

5° *Dont les diverses parties ne sont pas solidaires ;*

6° *Dont les formes sont cristallines ;*

7° *Dont la durée est représentée par une droite indéfinie.*

Exemple : Combustion, combinaisons chimiques.

Fin caractéristique : *Équilibre*, *cristallisation.*

VIE.

Phénomènes vitaux :

Actions réciproques des corps les uns sur les

autres AU CONTACT, pour arriver à l'ÉQUILIBRE INSTABLE, en produisant des êtres :

1° *Finis*, dont l'accroissement et le volume sont déterminés par un plan fixé d'avance ;

2° *Constitués par des molécules mobiles groupées en proportions variables ;*

3° Naissant d'une cellule primordiale émanée de parents (1).

4° La cellule primordiale s'*accroît en se nourrissant*, c'est-à-dire en absorbant à travers son enveloppe des liquides complexes, empruntés au milieu où elle est plongée, et rejette à travers cette même enveloppe d'autres liquides ; se multiplie :

A. *Par prolifération*, c'est-à-dire en produisant des cellules nouvelles à sa surface ;

B. *Par multiplication endogène*, c'est-à-dire en produisant des cellules nouvelles dans son intérieur ;

C. *Par segmentation*, c'est-à-dire en se subdivisant elle-même ;

D. En manifestant une évolution, c'est-à-dire un commencement simple qui déroule une série de métamorphoses de plus en plus compliquées, *jusqu'au développement complet d'un* ORGANISME *apte à se reproduire par génération.*

5° *Les diverses parties de l'organisme sont solidaires les unes des autres ;*

6° *Ses formes sont onduleuses ;*

(1) Je ne m'arrête pas à l'objection qu'on pourrait tirer de la génération dite spontanée, dont la réalité n'est pas démontrée, et que l'on ne saurait étendre sérieusement à tous les êtres du règne végétal et du règne animal.

7° *Sa durée finie est représentée par une ligne onduleuse, parabolique.*

Ajoutez chez les animaux :

I. *La sensibilité*, par laquelle se multiplient les relations de l'être avec le milieu ;

II. *La contractilité*, par laquelle il résiste à l'attraction ;

III. *La locomotilité*, par laquelle il se manifeste, indépendant du milieu ;

IV. *L'intelligence*, par laquelle il devient auteur d'actes dont le choix et la spontanéité lui appartiennent.

Fin caractéristique : *Instabilité*, *ondulation*, *évolution*, *mort*.

Eh bien! Messieurs, n'est-il pas évident que les lois physico-chimiques, en raison desquelles la matière tend à l'équilibre et à la cristallisation, ne sauraient expliquer les phénomènes vitaux, dont la fin caractérisque est l'instabilité, l'ondulation, l'évolution, et par suite desquelles les organismes résistent à l'attraction, surmontent la pesanteur et dirigent ou modifient l'affinité chimique?

Je dis que la vie modifie l'affinité chimique, car il est une foule de composés organiques, dont nous n'aurions aucune idée si nous ne les avions trouvés dans les êtres vivants ; bien plus, une foule de corps organiques et inorganiques prennent naissance sous la direction de la volonté et de l'intelligence des chimistes et n'auraient jamais paru sans leur intervention. Où existe naturellement l'oxygène pur? Le chlore, le potassium, une foule de métalloïdes et de métaux, où sont-ils? Où est le perchlorure de phosphore, etc., etc., si ce n'est dans le laboratoire du chimiste? Et les albuminoïdes, les ferments, où sont-ils, si ce n'est dans le laboratoire vivant? La cellule, enfin! si ce n'est dans le laboratoire vivant?

L'affinité produit des *composés stables*; l'affinité modifiée par la vie produit des *combinaisons instables*. L'abîme est entre la stabilité des corps inorganiques et l'instabilité des corps organisés vivants.

Les physiologistes que je combats objectent que les fonctions des organes des sens, la production de la chaleur animale, celle du mouvement, la digestion, la respiration, la circulation, ne sont que des applications spéciales de la physique et de la chimie. Ils ont raison quant aux phénomènes par lesquels l'organisme entre en relations avec le monde extérieur, mais point du tout quant aux fonctions qu'il accomplit. Ainsi il est vrai que la lumière est réfractée dans les milieux transparents de l'œil, comme dans un appareil de physique d'une perfection merveilleuse (un appareil qui se répare lui-même, assure lui-même son achromatisme, et s'accommode aux distances, comme une lunette qui se rétrécirait, s'allongerait et se raccourcirait d'elle-même, selon que les objets éclairés seraient plus ou moins éloignés); mais il s'agirait de savoir en vertu de quelle loi de la physique le fond de cette chambre noire, tapissé par une expansion du nerf optique, transmet la vibration lumineuse, et comment cette vibration va se transformer en une sensation particulière : *la vue*. Jusqu'à présent, aucun phénomène physique n'offre une analogie, même éloignée, avec cette transmission, à travers un double cordon opaque, d'une double image renversée, devenant droite et unique dans un récepteur, et une sensation est restée absolument en dehors des phénomènes que les lois de la physique générale peuvent expliquer.

Les cinq sens donneraient lieu à des observations analogues. Je suis donc en droit d'affirmer que c'est abuser de la méthode expérimentale, que c'est avancer une hypothèse téméraire, que de prétendre expliquer les fonctions sensoriales tout entières par les lois physiques, en alléguant qu'on en a pu constater l'application partielle dans les rapports de l'organisme avec le monde extérieur.

Quant à la chaleur animale, qu'on veut faire rentrer dans les lois physiques, parce qu'elle est due à une véritable combustion, totale ou partielle de matières hydro-carbonées avec production d'eau et d'acide carbonique, il me serait facile de démontrer que les plus habiles chimistes n'ont jamais rien réalisé qui approchât du procédé de la combustion organique. Dans l'organisme, le foyer est un liquide vivant, un organe, le sang : la fonction de ce liquide est multiple ; d'abord, il absorbe à travers les parois membraneuses d'un appareil hydraulique, dans lequel il circule et dont il gouverne les mouvements, l'oxygène amené par un soufflet ventilateur ; c'est en lui-même que s'opère la combustion productrice de chaleur, d'acide carbonique, d'eau, etc. ; ce liquide est en même temps chargé d'aller renouveler sa provision de combustible dans les parois du tube digestif, dans le foie, et encore dans tous les organes, dont il dissout les vieux matériaux en même temps qu'il leur cède des matériaux reconstitutifs ; il reçoit aussi des matériaux neufs par un canal particulier (le canal thoracique) ; de plus, il élimine par le foie, par l'intestin, par les les reins, par la peau, etc., les substances dont l'organisme doit être débarrassé ; enfin, à travers les membranes même du ventilateur qui lui apporte l'oxygène, il laisse passer l'acide carbonique et l'eau, résidus de la combustion opérée dans son sein.

Et voilà ce qu'il faut comparer à ce qui se produit dans le foyer d'une locomotive ! En vérité, jamais comparaison plus grossière n'a servi à égarer les esprits ; jamais l'enivrement des découvertes, jamais le fétichisme de la matière n'ont aveuglé l'intelligence humaine d'une aussi étrange façon !

Non ! jamais les physiciens ni les chimistes n'ont fait aucune expérience dans laquelle on vît les molécules matérielles animées dans un même milieu de tous ces mouvements coordonnés, se renouvelant incessamment, se pondérant, se dirigeant vers un but commun. Il faut reconnaître dans l'organisme un principe actif, intelligent, différent de l'attraction et de l'affinité, comme ma main diffère d'une pierre, comme ma parole diffère d'un vain bruit. Ce principe emploie l'attraction, se sert de l'affinité, comme il emploie les molécules matérielles, mais il produit des combinaisons, des mouvements qui ne naîtraient jamais et ne s'entretiendraient pas sans son intervention.

La digestion ! On assure que la digestion n'est qu'une succession de dissolutions produites par des réactifs, dont les chimistes ont révélé aux physiologistes la composition. On produit, en effet, dans des vases la dissolution et l'émulsion des aliments, c'est ce qu'on appelle la digestion artificielle ; les aliments peuvent alors passer à travers les membranes, en raison de la capillarité et de l'endosmose, comme lorsqu'ils ont subi l'action des dissolvants préparés par l'organisme.

Certes, j'admire, plus que personne, le génie investigateur qui pénètre de plus en plus dans les profondeurs inexplorées de l'organisme et qui découvre les procédés de ses actes ; mais on se méprend lorsque l'on confond les réactions chimiques, dont on a surpris le secret, avec le plan manifestement préconçu et harmonieux qui réalise une opération complexe.

J'admets, ce qui n'est pas, j'admets qu'on imite l'appareil masticateur, qui divise les aliments, les humecte d'un liquide alcalin, et commence la saccharification des matières amylacées par l'influence d'un ferment particulier, la diastase salivaire; j'admets, ce qui n'est pas, que par l'influence d'un suc acide, mêlé d'un autre ferment, la pepsine, on imite la dissolution des matières albuminoïdes; j'admets, ce qui n'est pas, qu'on achève la saccharification de l'amidon et la dissolution des matières albuminoïdes, et en même temps qu'on produise l'émulsionnement des matières grasses par le suc pancréatique et le suc intestinal alcalins; mais d'où vient que la sécrétion gastrique s'harmonise avec la nature des corps mis en contact avec les parois de l'estomac? D'où vient qu'un corps non digestible provoque non pas une sécrétion de suc gastrique, mais une sécrétion de mucus?

Ce qui est impossible à expliquer par l'imbibition, la capillarité, l'endosmose, l'isomérisme et la combinaison chimique, c'est le plan préconçu, c'est l'ordre intelligent, ce sont les sécrétions successives, alternativement alcalines et acides, coïncidant avec les mouvements et les contacts, c'est en un mot *la fonction*. Quand le laboratoire de la Faculté des sciences, après avoir reçu un échantillon de guano, en aura lui-même opéré l'analyse en l'absence du chimiste, je commencerai à concevoir que la fonction digestive rentre dans le domaine des lois dont les chimistes et les physiciens observent chaque jour les effets.

Non! les forces physico-chimiques ne suffisent pas à l'organisation, mais elles sont empruntées et utilisées par la vie dont la matière est le *substratum*.

Que me parlez-vous d'équivalent mécanique de la chaleur chez l'animal, chez l'homme! Il brûle, en effet, plus de charbon lorsqu'il travaille que lorsqu'il est en repos, et pour cela, vous vous empressez de comparer la machine humaine à la locomotive. Mais prenez garde : la théorie de l'équivalence mécanique de la chaleur n'est pas encore applicable à la contraction musculaire. Notre collègue M. Paul Dupuy, chez qui nous aimons cette modestie qui est la politesse du savant, l'a démontré dans un mémoire en cours de publication dans la *Gazette Médicale de Paris*. Je ne puis qu'indiquer ici quelques-uns de ses arguments :

1° C'est une question fort controversée que de savoir le siége précis de la combustion respiratoire productrice de la chaleur animale; MM. Estor et Saint-Pierre assurent qu'elle se fait surtout dans les artères et par conséquent bien avant la contraction musculaire (1).

2° La contraction musculaire ne s'accompa-

(1) D'autres observateurs la placent dans les capillaires du tissu musculaire, où la contraction retarde le cours du sang.

gne d'aucun abaissement de température (expériences thermo-électriques de Becquerel), ainsi qu'il en devrait être, si l'effort résultait réellement de la transformation du calorique en mouvement; bien au contraire, elle produit immédiatement de la chaleur (1);

3o L'abondance des aliments hydro-carbonés ternaires (graisse, amidon, sucre), éléments principaux de la combustion respiratoire, n'est pas la condition de la puissance musculaire; cette condition, c'est l'abondance des aliments quaternaires azotés (fibrine, albumine).

J'ajoute que la théorie en question délaisse un fait de la plus haute importance: la quantité prodigieuse de force musculaire que l'organisme, même débilité, peut produire sous l'influence des stimulants purement moraux: la peur, l'espérance, le dévouement, l'enthousiasme.

D'ailleurs, Claude Bernard a démontré qu'une partie de la calorification sanguine a lieu dans le foie, la température du sang étant notablement plus élevée dans les veines sus-hépatiques émergées du foie, que dans la veine porte qui se ramifie et se capillarise dans cet organe.

En réalité, la locomotive n'est qu'un cadavre de fer, qui se rouille bientôt et se dis-

(1) Elle en produit même un grand excès que l'organisme compense par un surcroît de transpiration, c'est-à-dire d'évaporation aqueuse.

loque, si elle n'est pas animée par un chauffeur et dirigée par un mécanicien. Vous la comparez à la machine humaine, quant à la chaleur qu'elle convertit en force mécanique, mais vous oubliez qu'elle a été construite par un ingénieur.

Votre comparaison sera soutenable quand nous verrons naître du conflit de deux locomotives une locomotive nouvelle s'alimentant, se réparant, se dirigeant elle-même.

Vous allez jusqu'à prétendre que l'intelligence a son équivalent en charbon, en hydrogène, en soufre et en phosphore brûlés dans le cerveau ; mais je vous demande sur quelles expériences vous fondez cet équivalence. Oui, l'activité de l'organe cérébral a pour condition des transformations, des combinaisons chimiques, mais cela ne suffit à la solution du problème.

Scientifiquement, l'équivalence mécanique de la chaleur n'a été démontrée que par la conversion de la chaleur en force mécanique et de la force mécanique en chaleur.

Pour essayer de prouver l'équivalence intellectuelle de la combustion des éléments matériels du cerveau, il faudrait de toute nécessité convertir aussi l'intelligence en chaleur, il faudrait enfin que l'interruption subite de l'activité intellectuelle eût une valeur calorifique.

Je me crois donc en droit d'affirmer que la théorie physico-chimique de la vie est une hypothèse, à peine appuyée par quelques apparences de preuves, et que précisément l'école qui s'attribue le monopole des faits positifs constatés par l'expérience, admet comme démontrée cette hypothèse, contre laquelle s'élèvent l'ensemble des faits biologiques, et se croit en droit de ne point recevoir et de supprimer comme non avenus tous les faits dominateurs, les faits intellectuels et moraux, le seuls fondements de notre vie sociale, de notre dignité, de notre liberté.

Car encore faut-il absolument que l'intelligence soit quelque chose et soit acceptée comme un fait.

Nous en ignorons l'essence, j'y consens, mais elle existe par cela seulement qu'elle est susceptible de plus ou de moins, elle peut être étudiée dans ses facultés, dans ses affections, dans sa puissance de pénétration, dans ses défaillances qui sont ses propriétés caractéristiques.

Où donc pourrait-elle éclater plus manifestement que dans cet auditoire? Je la vois briller au fond de tous ces yeux ardemment fixés sur moi!

Mais j'ai délaissé jusqu'à présent l'argumentation d'un éminent physiologiste, démontrant l'inanité de l'unité vitale, en raison des expériences du poète Lucrèce, de celles de M. Bert et des siennes propres, lesquelles établissent que les parties séparées d'un végétal ou d'un animal peuvent constituer un végétal ou un animal complet, et que la patte ou la queue d'un jeune rat greffée sous la peau d'un autre rat, continue de s'accroître comme elle l'eût fait si elle n'eût pas subi de transplantation.

En vérité, je reconnais de bonne foi que ces faits n'ont pas d'explication satisfaisante; il est évident que le principe de vie se propage dans des agrégats moléculaires de plus en plus petits, à mesure que les organismes se simplifient. Il est non moins évident que l'activité vitale se maintient temporairement dans des parties séparées d'un végétal ou d'un animal, lorsque les conditions du milieu sont favorables.

Mais vous n'avez pas remarqué que, selon les lois mécaniques ou physiques, une quantité de mouvement ne se multiplie point, ne s'accroît point par la division : 2 poids de 50 grammes égalent 1 poids de 100 grammes, et n'équivaudront jamais à 2 poids de 100 grammes, à moins qu'une force étrangère, ajoutée à la pesanteur, ne double leur vitesse.

Il n'en est pas de même pour les êtres vivants : lorsque vous divisez une hydre d'eau douce en dix fragments, chaque fragment contient la vie tout entière et reconstitue bientôt une hydre d'eau douce apte à se reproduire régulièrement; chaque brin de peuplier dont vous faites une bouture, reproduit l'arbre tout entier. Cela seul suffirait pour faire comprendre que le phénomène vital est d'un autre ordre que le phénomène physique, et c'est là précisément ce que j'ai voulu démontrer.

Et ce n'est pas tout : le fait que je suis une personne, une unité indivisible, le fait de la conversion de ma pensée en parole, ma conscience, ma volonté, ma liberté, tout cela ce sont aussi des faits scientifiques, car je les constate d'une manière certaine, et j'y crois comme vous y croyez vous-même à votre insu, et plus fermement qu'à n'importe quelle notion apportée par les sens, puisque pour avoir les sens qui me mettent en rapport avec le objets extérieurs, il faut que je commence par être un centre conscient de perception.

Or, je vous reproche de commettre une généralisation anticipée, lorsque vous concluez à l'inanité de l'unité vitale chez moi, parce que la queue d'un rat ou d'un têtard de grenouille ont continué de vivre après la greffe ou la séparation, ou parce qu'une branche de saule a pu s'enraciner et produire un arbre.

Ma propre jambe séparée de mon corps pourrait continuer de vivre moyennant les injections de sang artériel de Brown-Sequard, que la conscience de mon unité et de toutes les facultés qui font de moi une personne libre et responsable ne serait aucunement détruite. Que ma jambe vive ou meure, je ne suis point dédoublé.

Je suis de ma propre unité un irrécusable

témoin, et certes je ne serai pas contredit dans mon affirmation par la queue de votre rat ou par le tronçon céphalique de votre têtard !

Je m'élève donc contre votre doctrine, au nom de la méthode qui défend la généralisation anticipée et l'induction illégitime.

D'ailleurs, le danger n'est pas pour la science proprement dite, la vérité sortira de nos libres discussions ; le danger est pour les demi-savants, qui s'empressent d'accepter des conclusions excentriques et d'en déduire toutes les conséquences logiques.

Si le principe vital n'existe pas, le monde social, le monde moral tout entier s'évanouit avec le moi humain.

Que diriez-vous, Messieurs, d'un colloque en ces termes ?

« — Malheureux ! vous avez commis un faux, un parjure, un vol, un assassinat, vous avez violé toutes les lois divines et humaines !

— Monsieur, je n'y peux rien, le principe vital, et par conséquent l'unité vitale, est une chimère ; je ne suis qu'un agrégat de cellules indépendantes, soumis aux lois dont les chimistes et les physiciens observent chaque jour les effets ; ce qui le prouve, c'est que la queue d'un têtard de grenouille, séparée du tronçon céphalique, continue de se développer très-régulièrement. D'ailleurs, l'homme est la résultante de ses aïeux, de sa nourrice, du lieu, du moment, de l'air et du temps, du son, de la lumière, de son régime et de ses vêtements ; sa volonté est la conséquence nécessaire de toutes ces causes; vous ne devez vous occuper que des conditions matérielles des phénomènes; mon cerveau aura sécrété malgré moi toutes les choses que vous me reprochez; c'est la faute de mes aïeux, de ma nourrice et des circonstances. »

Ne riez pas, Messieurs ; la preuve par l'absurde est d'une grande valeur en métaphysique comme en géométrie.

Mais je manque à ma promesse, j'aborde un terrain que je me suis interdit.

Je m'arrête. Je me borne à conclure :

Il existe des causes inconnues des phénomènes physiques : l'*attraction*, l'*électro-magnétisme*, la *chaleur*, etc.; une cause inconnue des phénomènes chimiques : l'*affinité;* une cause inconnue des phénomènes vitaux : la *vie*.

Et je m'en tiens à l'axiome aristotélique :

« *Vita est mentis actio.* » (*Métaph.*, lib. 11, cap. 7, t. 29.) :

« La vie est un acte intelligent, »

Que Claude Bernard rajeunit en ces termes :

« *L'âme est la force spontanée.* » (*Rapport sur les progrès de la physiologie*, p. 22.)

Quant à l'union du corps et de l'âme, l'essence des choses nous échappe, et je dis avec Tyndall :

« Le problème de la connexion du corps » et de l'âme est aussi insoluble sous sa for» me moderne qu'il l'était avant l'ère des re» cherches scientifiques. »

Bordeaux, 26 janvier 1869.

Bordeaux. — Imprimerie générale d'Emile Crugy.

Bordeaux. — Imprimerie générale d'Emile Crugy.

www.ingramcontent.com/pod-product-compliance
Ingram Content Group UK Ltd.
Pitfield, Milton Keynes, MK11 3LW, UK
UKHW020218200726
13856UKWH00004B/1461

9 782011 908667